李杭周　毕业于首尔大学和荷兰瓦格宁根大学，土壤化学与植物营养学硕士、植物营养学博士。作为教授，李杭周在韩国各大学教授土壤学，能把难懂的土壤与肥料讲得通俗易懂，深受学生喜爱。代表作有《令人惊叹的土中世界》《知土才能做农》《土，知多少施多少》《绿色音乐农耕法》《阳台植物学》等。

姜妗志　弘益大学视觉设计研究生、插画家。作品有《细致又复杂的欧洲》《饮食：如何才能吃好》《特别的日子吃特别的食物》《料理图册》《面子料理》《汉阳1770》《现在何时》等。

这本书有 **7** 个有趣的部分哦！

你好啊 ☺ 田野	人类的生存离不开田野
相遇了 ☺ 田野	小小的田野充满生命力
好奇呀 ❓ 田野	田野的秘密快来看这里
惊讶咯 ❗ 田野	田野的样子原来如此啊
思考吧 ☺ 田野	田野的那些过去和未来
享受吧 ☺ 田野	一起来认识农耕的工具
保护它 ☺ 田野	田野呀田野我要保护你

神奇的
自然学校

美丽的田野

（韩）李杬周 著
（韩）姜姈志 绘
崔 瑛 译

辽宁科学技术出版社
·沈阳·

我们
需要田地吗?

妈妈,粮食和蔬菜明明超市里都有,为什么农民伯伯还要辛辛苦苦地种田呢?

我们在超市买的很多食物都是田里种出来的,如果没有农民伯伯辛苦耕种,我们就买不到这些粮食和蔬菜了。

7

我们平时吃的大米和蔬菜都是从田地里长出来的。大部分田地都在农村，现在也有越来越多的城市居民利用自家的阳台或庭院进行简单栽种，比如种些辣椒、生菜、茄子、番茄等。田地非常重要，但是田地仅仅是给人类提供农作物吗？

蔬菜不是只靠土壤和水就能生长的。我们需要根据蔬菜各自不同的特性，给它们提供适合生长的环境。土壤要肥沃，所含的养分要满足蔬菜生长所需。

在城市里开辟一片"小田地"，就可以近距离体验自然了。

9

水田是由土壤和水共同组成的。水稻是水田的重要作物，而我们平时吃的大米就是从水稻里收获的。

走近水田，就会发现这里藏着许多神奇的生物，有的甚至是水陆两栖。水田是动植物共同生存的乐园。

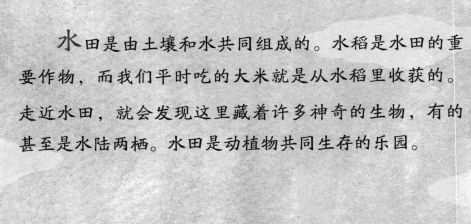

> 妈妈，水稻长得好快呀！我上次看到一只蜘蛛把飞蛾吃掉了。

夏

蜘蛛

蛾

瓢虫宝宝

七星瓢虫

> 水田里生活着许多害虫，同时也生活着害虫的天敌，比如蜘蛛、七星瓢虫、蜻蜓等。其中，蜘蛛的种类最多。

夏天是水稻的生长旺季，水田里的各种动物也变得活跃起来。

春

万物复苏的春天，冬眠的动物纷纷醒来。虽然还没开始播种，但水田的动物都开始繁衍了。

水黾

龙虱

蝌蚪

田螺

蝉在哪里？

秋

蜻蜓

正在产卵的蚂蚱

到了秋天，动物开始储备过冬的粮食。

田螺

萤火虫宝宝

冬

蜘蛛

青蛙

秋收之后，水田里只剩下一些枯叶。青蛙和泥鳅已经开始挖洞准备冬眠了。蜘蛛躲在枯叶堆里冬眠。

旱田里没有那么多水，主要是土壤。播种之前需要除掉杂草和大石块，开垦适合植物生长的土地。哪种土地最适合农作物生长呢？

肥沃的土地可以让农作物茁壮生长，提高粮食产量。

但是，肥沃的土地里虫子自然也多。

虫子为了获取营养会聚集在这里，并大量繁殖。

❶ 除掉杂草和树根等。

这就是开垦旱田的过程，一起来看看吧！

❷ 用挖土机挑出大石块，同时松松土。

④ 堆出田埂之后就可以播种
  了，这时候适当撒些肥料，
  可以使作物长得快一些。

土壤里的生物都能察觉土地是否肥
沃。贫瘠的土地缺少养分，昆虫很难生
存繁殖。有些昆虫可以使土地变肥沃，
它们的排泄物可以为土地增加养分。

③ 为了土地的健康，可以
  在播种前撒一些石灰。

翻土是为了增加土壤
中的空气，提高含氧量
和蓄水力，使种子更容
易发芽。

13

无论是水田还是旱田，如果土地贫瘠，作物就无法生长。

为了使土地肥沃，人们做了很多努力，其中之一就是使用肥料。

秸秆和家畜排泄物发酵之后就可以做肥料，这种天然肥料不会对大自然造成污染。中国从古代的殷商时期就开始给农田施肥了。

肥料是能使土地肥沃的"保健品"，但是过量使用肥料也会给土地造成负担。

过量使用化肥和没有充分发酵的农家肥反而会使土地失去活力。

在肥料出现以前，土地在耕种之后会严重丧失养分，为了减轻土地压力，人们只好每3~4年就休耕1年。

现在农业发达了，人们利用肥料改善土壤，就可以不用休耕了。

肥沃的土壤　　　　　　贫瘠的土壤

开辟农田

农田是砍掉树木、拔掉杂草后，人为创造出的田地。所以，如果不细心照料，就会重新长出杂草和树木。有些农田没有人管理，最终变成了荒地。

15

水田里长水稻

水稻生长在水田里。种水稻，土地必须平坦，这样灌溉时田里蓄水才能均匀，否则水稻就容易长得良莠不齐。农事中，最难的就是清除杂草和消灭害虫。

田埂：田埂是用土堆成的，可以防止水田里的水流失。

水渠：修在水田旁边，水在这里流动。

大麦和小麦是撒种播种的，但水稻必须一株一株插秧。以前，水稻也是撒种播种，但直接撒种的方式容易使杂草和水稻同时生长，与水稻争夺养分，所以，现在人们通常提前育秧，再把水稻秧种到田里。

泄水渠：是为了调整水田的蓄水量而做出来的小通道。

杂草会和水稻争夺土壤中的营养，害虫也会啃食水稻。最让农民烦恼的是一种叫作"稗子"的杂草。稗子和水稻长得相似，不易分辨。夏天杂草长得很快，所以农民需要不断给水稻除草、灭虫。

田里的稗子必须拔掉，但是它们生命力很强，一不小心就会影响水稻的收成。

稗子　　水稻

以前，人们为了灭虫会大量使用杀虫剂。但是现在，越来越多的人开始重视"绿色环保"。人们改用毒性较弱的杀虫剂，或者利用害虫的天敌来消灭害虫。这样收获的粮食才更加安全。

捉蚂蚱的螳螂

捉害虫的蜘蛛

吃小飞虫的青蛙

田地各式各样

许多田地都是四方形的。
田地的形状会随地形变化，
有的地方田地边缘是弯弯曲曲的曲线，
山坡上的田地多为梯田。

四方形田地

不规则田地

田间小路
弯弯曲曲。

哇，
今年真是
丰收年！

丰收之年

梯田

梯田一般是在山坡上开辟的阶梯式的田地。

石阶梯田

石阶梯田在山区比较常见，它的侧面是用石头砌成的。

19

农业环境保护

为了种出无公害的粮食和蔬果，人们付出了很多努力。

为了给后代留下更美好的家园，人们开始减少化肥和杀虫剂的使用。

把农家肥晾干，磨成粉末，然后制成溶液，喷洒到田里。

有机农业：不用人工合成的化肥、农药，而采用有机肥料，减少对土地和食物的污染。

将牛粪与秸秆等植物按比例混合后自然风干，就形成了肥料。

音乐耕作：给植物听美妙的音乐，帮助它们健康生长。

为了防止田里杂草丛生，人们用秸秆盖住地面，或者在田里种植可以做肥料的草。为了提高产量，人们甚至给农作物听美妙的音乐。这一切都是为了农作物健康生长。

绿肥作物：指提供作物肥源和培肥土壤的作物。常见的绿肥作物有紫云英、苜蓿等。绿肥含有多种养分和大量有机质，可以改善土壤肥力。

最环保的农耕方式是利用自然。我们可以充分利用自然规律和食物链来耕作。

水稻种植

水芹可以种在水田里。

水田也可以种蔬菜

水田里并不是只能种水稻。

水田里也可以种植水芹或者莲藕。把水田里的水抽出来之后，水田就变成了临时的旱田，用来种植大蒜、小麦、大麦等作物。可以根据实际需要循环利用田地。

水芹种植

莲藕可以在池塘或水田里种植。

搬运莲藕的时候一定要小心。

莲藕种植

秋冬季可以在田里种植不怕冷的大蒜等作物，充分利用田地。

大蒜种植

秋收之后，将水田改成旱田，还可以播种大麦。

大麦种植

水稻差不多成熟了，可以排水了。

如果农作物一直泡在水里，根部会腐烂，所以在收割之前需要排水，这样水稻才能丰收。

23

多功能的水田

水田不仅给我们提供食物，而且在保护地球环境方面发挥着重要作用。

水田可以减小洪水形成的可能性，也可以增加地下水的存量。

夏天，水田可以像空调一样调节气温，还可以净化水和空气。

它可以防止下雨引起的水土流失。水田就像碗一样，接住坡上顺流而下的土壤。

净化空气：水田作物白天进行光合作用，吸收二氧化碳，排放出氧气。

阳光　水　二氧化碳

光合作用　　氧　+　葡萄糖

净化水：水稻在生长过程中会净化被污染的水。

防止洪水的发生：田埂的高度一般设计成30厘米左右，可以防止水外溢。

田埂

调节气温：水田里的水蒸发时会吸热，周围的空气就会凉快一些。

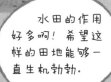

水田的作用好多啊！希望这样的田地能够一直生机勃勃。

农业技术交流

为什么要交流农业技术呢？因为通过农业技术交流，可以帮助粮食产量少的国家增产。很多农业大国会向农业技术不发达的国家传授农业技术。

增加地下水：水田里的水渗到地底深处，变成地下水。

农业的历史和世界各地农业

人们是从什么时候开始从事农业活动的呢？
古时候，人们只会采野果和打猎。
在发现种子之后，人们就开始种田了。

300~150万年前：人类诞生了。

40万年前：人类使用工具采野果、打猎。

用面粉做面条.

米饭可真好吃呀!

中国、韩国、日本、越南、泰国、印度尼西亚等地的人们多种植水稻,主食是大米。但是,在以面包为主食的欧美国家,多数会种植小麦。

青蛙比人类出现得更早,约6500万年前地球上就有青蛙了。

快来种粮食吧!

1万年前:最初的农业开始了。人们伐木造田,开始自给自足。

现在:机械化生产时代,粮食产量大增。

城里的农业

随着城市化推进，田地的面积越来小了。但是，粮食生产必须依靠田地。所以，人们开始在城市里开辟"小田地"，不仅可以吃到新鲜的蔬菜和水果，也有利于城市绿化。

❷ 确认订单之后，把水果装箱。

好忙啊！

好快速配送！

❶ 收到水果订单.

请轻拿轻放！

❸ 快递公司取件.

❹ 海陆空都可以配送.

谢谢你！

❺ 收到水果.

城市居民在家里也可以利用阳台或屋顶简单栽培一些蔬菜。农民们可以通过网络平台进行线上交易。一般网上销售由快递公司用汽车、火车、船、飞机等各种交通工具来运送产品。

29

植物生长时需要土壤、光照、水分等。植物工厂利用计算机来自动控制养分、温度、湿度等，给植物提供最有利的生长环境。

未来农业和植物工厂

你听说过植物工厂吗？

植物工厂通过电子设备来调控环境、实现农作物的栽培，给植物生长提供适宜的温度、湿度、光照、二氧化碳浓度以及营养液等。植物工厂是现代农业发展到高级阶段的产物，代表着未来农业的发展方向。

在极地或沙漠等地建立这样的植物工厂，可以不受外界环境影响自由栽培植物。但植物工厂耗电量大，所以经营植物工厂需要很多的经费。因此，植物工厂培育出的蔬菜会比自然环境里生长的蔬菜贵。

🫢 植物工厂的蔬菜

植物工厂类似于温室大棚。在植物工厂里生长的植物不会经历恶劣天气，也不会受到雾霾、酸雨等环境污染，所以容易保持新鲜。植物工厂里植物的生长速度比自然环境下的植物快2倍，代表着未来农业发展的主要方向。植物工厂不仅可以栽培蔬菜，还可以栽培水果。

去农田 玩儿吧

你家附近有田地吗？
一起到田地里去做游戏吧!

田间散步

去田地里散步，倾听自然的声音。
有没有听到鸟鸣蛙叫、稻穗随风起舞沙沙响呢？
在这里可以感受自然的气息。青草、土地、小水渠……你会闻到大自然的香气。

观察生物

带上小渔网在水田里捞一捞，说不定你会捞到蝌蚪或者小龙虾。
最好带上放大镜观察水田生物。观察完毕要记得把小动物们放回田里哦。

闻香识草

约上家人或朋友，一起去田地里玩儿吧！

通过气味寻找同类草吧！

如果发现自己喜欢的草，可以收集一棵漂亮的小草样品，贴在白纸上仔细观察。

❶ 采集田间小草，放到透明塑料袋里。

❷ 仔细闻小草的气味，根据这种气味寻找其他拥有同样气味的草。

❸ 对比找到的草和塑料袋里面的样本。

❹ 把收集到的草贴在白纸上，试着画出草的图案，并查找、记录这种草的名称和常识。

农耕工具和农耕机器

古时候，人们凭借双手和家畜种田。后来人们为了节省体力、提高效率，发明了各种用于农耕的工具。

 以前的农耕工具

 锄头：用于除草、松土。

 镰刀：用于收割庄稼。

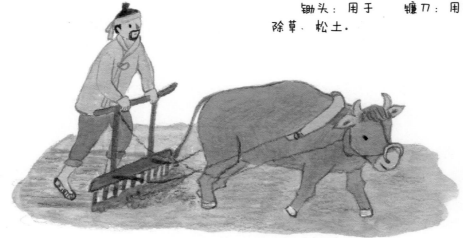

犁：碾碎土块儿、耕出槽沟，为播种做准备。

簸箕：用于扬米去糠或收集垃圾。

镐：刨土的工具。

(dōu)
背篼：背在背上搬运肥料、粮食、秸秆等。

耙：用于翻土和谷物。

古时候，人们常用牛来帮忙翻土，现在已经有许多地方的农村用机器来翻土了。种苗也会使用插秧机。

一起来认识一下农耕机器吧！

 现在的农耕机器

耕耘机：多用于农耕、草坪、园艺、苗圃等，可以铺平土地。

割捆机：收割谷类作物并自动将它捆成捆儿的收割机器。

拖拉机：用于搬运农作物或农业工具。

收割机：代替镰刀等工具，帮助农民快速收割庄稼。

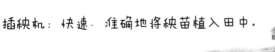

插秧机：快速、准确地将秧苗植入田中。

保护粮食之源
——田地

城市的扩张占用了许多农田，土壤退化也威胁着原本肥沃的田地。

许多年轻劳动力都选择去城市里求学或工作，农村劳动力正在逐渐老龄化。

这样的问题在世界各国普遍存在。

比如德国，有些村庄荒废之后，附近的城市受到了很大影响。为了保护田地，德国开始实施保护农村的政策，并教育下一代重视农业和环保。

渐渐消失的农田

原本种植庄稼的田地面积越来越小了，在田地上建了很多现代住宅。

黑色塑料薄膜覆盖的草莓地

　　铺上黑色塑料薄膜可以防止杂草生长，同时也可以防止土壤中的水分蒸发。但是，塑料薄膜的有毒物质会污染土地。这样的塑料薄膜需要几百年才能自然分解掉。

　　为了保护田地，我们要保证土地肥沃。

　　研究土壤成分能够有针对性地改善土壤环境，使土地变肥沃。

　　最好不要在田间使用塑料薄膜。土壤也需要呼吸，健康的土壤才能长出新鲜的作物。

作者说

你每天享用餐桌上美食的时候，是不是常常会想起那首诗呢？"锄禾日当午，汗滴禾下土。谁知盘中餐，粒粒皆辛苦。"农民伯伯们每天早出晚归、辛辛苦苦地耕作，到了丰收的季节，给我们带来了大米、面粉、白菜、辣椒、草莓、西红柿……这些数不尽的美食都来自人类赖以生存的田地。如果没有田地，也许人类到今天依然要过着采食野果、打猎的原始生活。

除了给我们提供一年四季的粮食、蔬果以外，田地对自然生态系统来说也是非常重要的。田地不仅可以调解气温、减少洪涝灾害和水土流失，还给许多田间生物提供了繁衍生息的家园。如果没有了田地，人类和自然都会受到不可估量的影响。

如此珍贵的田地，却正在一点一点地从地球上消失。有的田地疏于管理最终废弃成了荒地，有的田地被城市扩张侵占而消失得无影无踪。对人类来说，城市和田地缺一不可。如何平衡城乡关系，将是我们必须面对的发展问题之一。

在城市飞速发展的今天，在城市空间开辟小型田地也许是不错的选择。亲自种植蔬果，感受绿色自然，不仅可以改善城市绿化，而且能使我们与大自然更加和谐共处，一起走向生生不息的美好明天。

李杭周

神奇的自然学校（全12册）

《神奇的自然学校》带领孩子们观察身边的自然环境，讲述自然故事的同时培养孩子们的思考能力，引导孩子们与自然和谐共处，并教育孩子们保护我们赖以生存的大自然。

主题包括：海洋/森林/江河/湿地/田野/大树/种子/小草/石头/泥土/水/能量。

©2021辽宁科学技术出版社
著作权合同登记号：第06-2017-51号。

图书在版编目（CIP）数据

神奇的自然学校. 美丽的田野 /（韩）李杬周著；（韩）姜姈志绘；崔瑛译.—沈阳：辽宁科学技术出版社，2021.3
ISBN 978-7-5591-1492-1

Ⅰ. ①神… Ⅱ. ①李… ②姜… ③崔… Ⅲ. ①自然科学—儿童读物 Ⅳ. ①N49

中国版本图书馆CIP数据核字（2020）第016487号

出版发行：辽宁科学技术出版社
　　　　　（地址：沈阳市和平区十一纬路25号　邮编：110003）
印　刷　者：上海利丰雅高印刷有限公司
经　销　者：各地新华书店
幅面尺寸：230mm×300mm
印　　张：5
字　　数：100千字
出版时间：2021年3月第1版
印刷时间：2021年3月第1次印刷
责任编辑：姜　璐　许晓倩
封面设计：吴晔菲
版式设计：吴晔菲
责任校对：闻　洋　王春茹
书　　号：ISBN 978-7-5591-1492-1
定　　价：32.00元

投稿热线：024-23284062
邮购热线：024-23284502
E-mail：1187962917@qq.com